甲府のまちはどうしたらよいか？

山下昌彦

リニア新駅はこれからの山梨の発展の核となる。駅を中心としてクラスター的なまちを作り上げ、山梨の新しい発展の起爆剤とするべきだと考えている。このまちは山梨の新しい玄関口となるが、同時に、インキュベーションとコンベンションをテーマとする新都市として整備してはいかがだろうか？

東京・大阪などの高級住宅地では塀や生垣がまだ欠かせない。山梨なら思い切って何もない、広くてオープンな住宅地が実現できるのではないかと考える。山梨らしい生活のできる住宅地である。アメリカにはいくらでもお手本がある。シカゴのオークパークのような街はどうだろうか？

リニア新駅の前に不可欠なのはリゾートコンベンションホテルではないかと思う。山梨の観光の中心となり、また様々なコンベンションの拠点となる施設である。また、何よりもまずこれだけを目的に来たくなるような魅力的な施設である必要があると考える。例えば、星野や軽井沢のような。

リニア駅前のまちは、山梨らしさを発信すべきである。すべて木造で、歩いて楽しい界隈をつくりだしたらいかがだろうか？　伊勢は日本一のおもてなしのまちである。お手本としたい。

金沢21世紀美術館は、知恵を使えば世界的な観光の目玉をつくることが可能なのだということを教えてくれる。「観光客も市民も何度でも足を運びたくなるような美術館」というほとんど奇跡のような事実がここにある。カフェレストラン“Fusion21”にはいつも多くの市民がたむろしている。

軽井沢は日本で最もホスピタリティの高いまちではないかと思う。その陰にはこの街を育み、守り続けてきたたくさんの人たちの存在がある。この街から学ぶことは多い。旧軽井沢銀座の昼下がり。

フィレンツェは、いうまでもなく超一流の観光都市である。ウフィッツィ美術館をはじめ、多くの訪問客を楽しませ酔わせた上で、気分よく散財させる仕組みを整えている。そういう意味ではしたたかな都市であるとも言えるだろう。

山梨県立図書館はまるで外にいるような感じがする明るい空間とした。入って来やすく、出て行きやすい。2017年の来訪者は日本第2位、92万人を数えた。賑わいの感じられる図書館、静けさを求める人はサイレントブースに入らなければならない。

公園化された山梨県庁。甲府駅中心街へつなぐ散歩道として開放されている。もう少しイベントなど多目的に利用してほしいが。

山梨県防災新館まるごとやまなし館オープンカフェは夕暮れになると中から光が漏れてきて、賑わいを醸成する。平和通りから中心街へ曲がっていく甲府のホットコーナーを守っている。

甲府駅南口では、あくまで、まちが主役。インフォメーションセンターもバスシェルターも控えめなデザインとした。

甲府のまちはどうしたらよいか？

目次

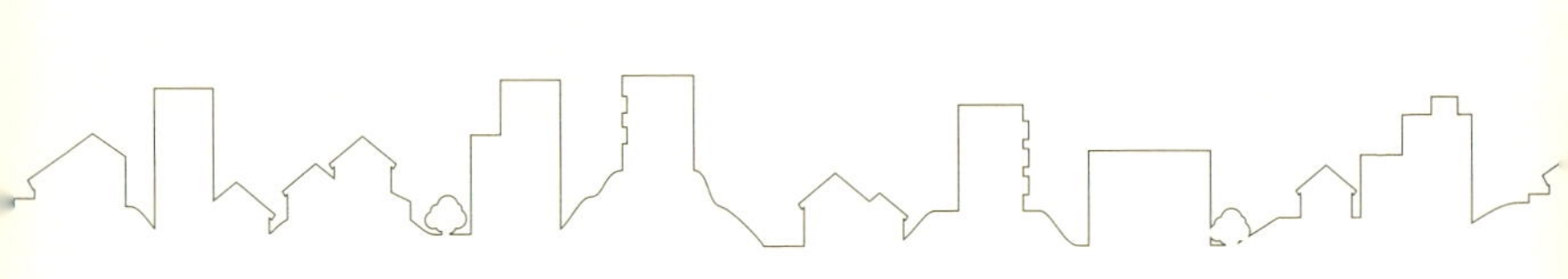

甲府との関係

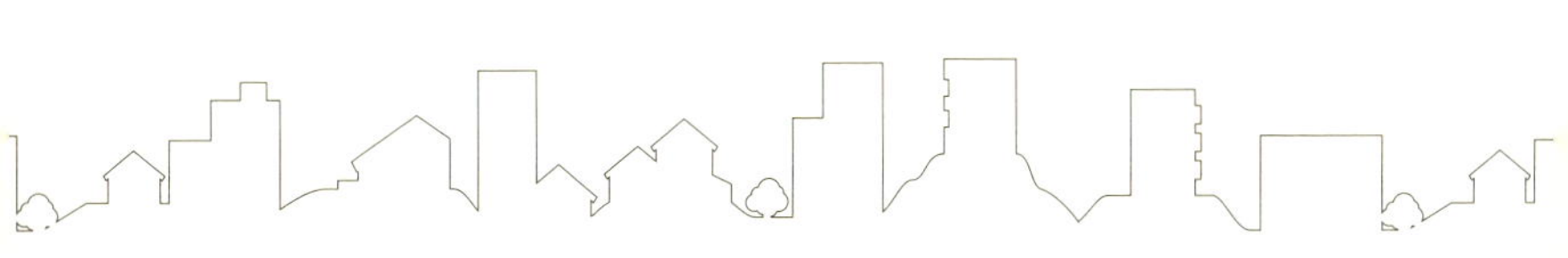

本書は二〇一八年一月二五日に甲府市役所で行われた甲府市職員研修講演会「甲府はどうすればよいのか?」の講演内容を元に加筆・修正してまとめたものです。

甲府はどうしたらよいか？

山梨の人たちは困っていない

私は甲府生まれですが、東京在住です。そういう立ち位置から、これから、「甲府はどうしたらよいか」という話を始めるわけですが、そもそも甲府は何かしなければならないのでしょうか?というご質問もあろうかと思います。まずその辺の話から始めたいと思います。

甲府だけでなく、山梨全体の問題でもありますので、まずはそこから始めます。東京には山梨県人会を筆頭に山梨出身の人たちの集まりがたくさんあります。同郷意識がこんなに強い県は全国でも少ないようですね。他には鹿児島と北海道くらいしかないと聞いたことがあります。

故郷を離れると郷土愛に目覚めるといいます。私も例外ではなく、だからこそときおり実家や墓参りに山梨に来ますと甲府のまちの寂れかたに愕然とします。

郷土を愛する東京在住者の目で見ますと、甲府のみならず山梨全体が「おい、大丈夫か？」という感じです。空家ばかりで昔の面影がありません。総じて元気がないという印象です。東京から友だちを連れてきても一緒に行きたいレストランが少ないです。甲府近辺だと観光に案内したくなるところもあまりありません。甲府中心街はシャッターと駐車場だらけです。出身者だからこそ、この光景にしまいには腹が立ってくるわけです。そんな状態が長年続いています。

何とかしたいと東京で勝手に「山梨を元気にする会」なんてのを立ち上げて怪気炎を上げたりします。そういう会に私も参加しているんですが、先日その中にたまたま山梨と東京の両方を行ったり来たりしている方がいらっしゃっていました。仮にAさんとしましょう。山梨に住んで東京でも仕事をしている、両方から見ている希有な立場です。

現在の甲府駅南口

Aさんはこう言いました。「みなさんは山梨を元気にしたいって盛んにおっしゃるけど、山梨は本当に元気がないんですかね？　住んでる人間からすると少し寂しい感じはあるけど、そこそこ幸せだし、現状に不満はあまり無いんですよ」東京組は一同、唖然としたものです。

でも私はそれを聞いて、長年の疑問がやっと解けたような気がしました。

私は二五年来、甲府を中心に山梨に通ってきています。「中心街を何とかしないと困るよね」と言いますと、地元財界の方たち、県、市の方たち、みんな「そうだ、そうだ」とうなずきます。ところが現実はあまり変わりません。ＪＲ甲府駅の北口南口がちょっと綺麗にはなりましたが、中心街は相変わらずウンともスンとも動いていない状況です。これは一体どうしてなんだろう？と、私はずっと疑問に思っていました。「リニア開通を機会に山梨の発展を期したらいかがでしょうか！」なんて意見も言い続けてきたのですが、みなさんニコニコして聞いてくださいますが、結局自分で腰を上げようとする方はいません。シーンという感じ。これは一体どういうことなんだろう？と私はずっと首をかしげてきました。

それがAさんの言葉で突然腑に落ちたのです。「山梨の人は困っていないんだ」ということです。特に甲府中心街の人たちは本当に困っている人が少ないんですね。埃をかぶった商品を並べたまま、店先で居眠りをしているおじいさん、お客さんが来なくても困ったりしません。複雑な形をした駐車場の経営者、車を止めにくる人がいなくても一向に平気です。多くの人はしこたま貯金をため込んで郊外の綺麗な家に住んでいます。

甲府だけじゃありません。山梨中本当に困っている人は少ないのです。東京から見れば、空気はいいし食べ物も安くて旨い。広い家に住んでいますからストレスがない。年寄りと同居したって平気なくらいの贅沢なスペースです。働くところさえあって、欲さえかかなきゃ結構いい暮らしができるのです。そうだったのか、Aさんの言葉で私はようやく事態を理解することができました。

山梨はずっと安泰か？

そこそこみんなが幸せである。これは甲府・山梨だけでなく日本全体そうなんだと思います。このまま無事にずうっと続いてくれればいい、あるいは続くと思い込んでいます。

でも本当に継続できる仕組みになっているんでしょうか？

それは甘い、と私は思います。放っておくと、朽ち果てるかもしれません。

日本全国でゆるやかに、しかし着実に進行しているのは、いわゆる格差、勝ち組と負け組の明暗がどんどんはっきりしてきているということです。負け組はいずれは消え去っていく運命にあります。勝ち組もうかうかしていたら、いつ負け組に転落するか分かりません。絶え間なく努力を積み重ねているところだけが生き残っていくのです。

増田寛也さんは『地方消滅——東京一極集中が招く人口急減』（編著、中公新書）という書物の中で、このままいけば、八九六の自治体が二〇四〇年までに急激な人口減少に遭遇する「消滅可能性都市」だとしています。

東京は日本の中では勝ち組ですが、その中にも明暗はあります。一般的に今は都心が勝ち組で、郊外はどちらかといえば負け組です。その境は中央線では吉祥寺辺りといわれています。たとえば同じ地域・同じ時代に建てられたマンション、団地でも明暗は分かれます。住民同士が仲がよく、頻繁に大規模修繕をしたり、盛んにコミュニティ活動を行なっているような団地は勝ち組です。こういう団地には住みたい人が多いので、資産価値も上がります。

反対に住民に見放されて、空室ばかりの団地は負け組です。そのうち管理費も集められなくなりメンテナンスも十分できなくなってきます。住んでいて楽しくないので余裕のある人たちから出ていってしまいます。残された人々はどこにも行けないような人ばかりになります。治安も悪くなります。悪循環となるのです。山梨だってそろそろ町会費も集められない町が出てきていませんか？

日本中、今やこんな勝ち組に入るか負け組に落ちるかのせめぎ合いです。どこもみんな深刻ですから必死になって地域おこし、まちおこしをやっているわけです。

山梨は空き家率は全国一とはいえ、全般にはそこそこ好調です。だから日本中の退潮がまだ切実に感じられないんだと思います。東京に近いし富士山はある。北杜市もある。ほっといても観光客がそこそこやって来る。鳥取、島根、高知なんて本当に大変です。切実です。

山梨は今はみんな困っていません。でも危機感を持っていないとすぐダメになります。思い出してみてください。笛吹市の石和は熱海とともに社員旅行のメッカとして栄えていました。今の凋落ぶりを誰が想像したでしょうか？

かつて一九八〇年代に私は大分の湯布院で建物を設計し、そこに通ったことがあります。当時の湯布院は北杜市の清里と並んで若い女性に人気のまちとして注目され始めていました。それから四〇年近くたちました。今や湯布院は堂々たる日本の代表的観光地となりましたが、清里はいかがでしょう？ ポテンシャルがあっても、まちづくりへの対応・運営・サービス、そういった努力の違いが時間とともに大きな差となって現れたのです。

富士山だって北杜だって、先はどうなるか分かりません。現在の山中湖や河口湖を見ているとあれでいいんでしょうか?と疑問に思います。山梨の将来は実はかなり危ういと思います。このままじゃいけないのです。

オール山梨でやらなきゃダメ

「甲府はどうしたらいいか?」というお題に対して、私が申し上げたいことは、ただ一つ。「甲府だけじゃダメ」ということです。「オール山梨でやらなきゃダメ」という一言に尽きます。オール山梨みんなで協力し合って頑張らなきゃダメだということであります。

危機感を……と申しましたが、山梨は実は今大きなチャンスを迎えていると思います。富士山はブーム。北杜も注目されています。健康ブームで山登りが盛んになって、山梨市の西沢渓谷も押すな押すなの盛況です。そこに二〇二七年にはリニアの駅ができるわけです。東京・品川から二〇分で到着できるようになります。

しかるにこのチャンスを前にして、今の山梨はてんでバラバラです。富士山は今、人はやって来ますが、でもさっと帰ってしまう。富士山は御殿場の方から見るとまるで静岡の一部です。北杜も今は勝ち組です。でも北杜は八ケ岳を挟んで、長野県諏訪郡原村なんかと一体で、ほとんど長野です。

山梨には他にもよいところがたくさんあります。ワインツーリズムや南アルプス、身延山などがそれですが、残念なことに、これらが上手くつながっていません。バラバラで、連携し合っていないのです。

どうしたら山梨は一つになれるのでしょうか？　それには二つのポイントがあると私は考えています。一つ目は山梨県人全体のメンタリティを改善し、地域の枠を越えてみんなで協力し合う体制をつくることです。二つ目は物理的に甲府盆地といういわば真空地帯を改善・解消することです。

まず、一つ目の山梨県人のメンタリティですが、山梨の人はなかなか協力し合いません。

足の引っ張り合いをします。甲府の人は子供のできた若夫婦が中巨摩郡昭和町に出てしまうという言い方をします。甲斐市の登美の丘に家を建てて出ていってしまうと言います。甲府から見て人を取られちゃうという感覚です。本当は昭和や登美の丘は甲府と補完関係でいいのです。

長い人生の間で広々とした戸建に住みたい年数を考えてみれば、子育ての時期ぐらいのものです。ひとりもの、ディンクス、子供のいない夫婦には甲府のような都市的なところの方が便利です。お年寄り夫婦も歩いて買い物、病院に行けるところの方が便利です。つまりは都心と郊外、どちらも選べるようにしておく、「住み替え循環」ができるようにしておけばいいのです。そういう意味で郊外住宅地昭和と甲府都心は補完関係でよいということなのです。ライフスタイルにおいても、郊外に住みたい人と町中に住みたい人と両方が存在しているわけです。たまには住み替えてみたい人だっています。郊外住宅地と都心住宅地は両方必要なのです。人を奪い合うどころじゃありません、譲り合うべきなのです。

観光についても同じことがいえます。相互に補完し合う関係になった方がよいのです。

富士山に来た人が武田神社や甲州市の恵林寺に寄る。北杜に来た人が甲府でコンサートを聞いたり、食事をする。観光客の奪い合いをするのではなく、観光客を紹介し合ったり、譲り合ったりできないものでしょうか。

よく知られているのは国中と郡内の対立ですが、山梨の人口はたった八〇万です。東京の世田谷区や大田区と同じ規模です。その中で対立している場合じゃありません。オール山梨が束になったって人が足りないくらいなんですから。みんなもう少し協力し合うことができないものでしょうか。

山梨がバラバラであるもう一つの大きな原因は、物理的な要因、甲府盆地という真空地帯の存在です。全体をつなぐべき中央のゾーンが余りに魅力がなく求心力がありません。そのために山梨県内の各パーツが孤立してしまっています。次ページの図上「真空地帯」としたエリアは、もうちょっと頑張って存在感を出さなきゃいけません。

それには甲府だけではなく、甲府盆地内の市町村は一緒になって、魅力を磨き上げる必要があると私は考えます。

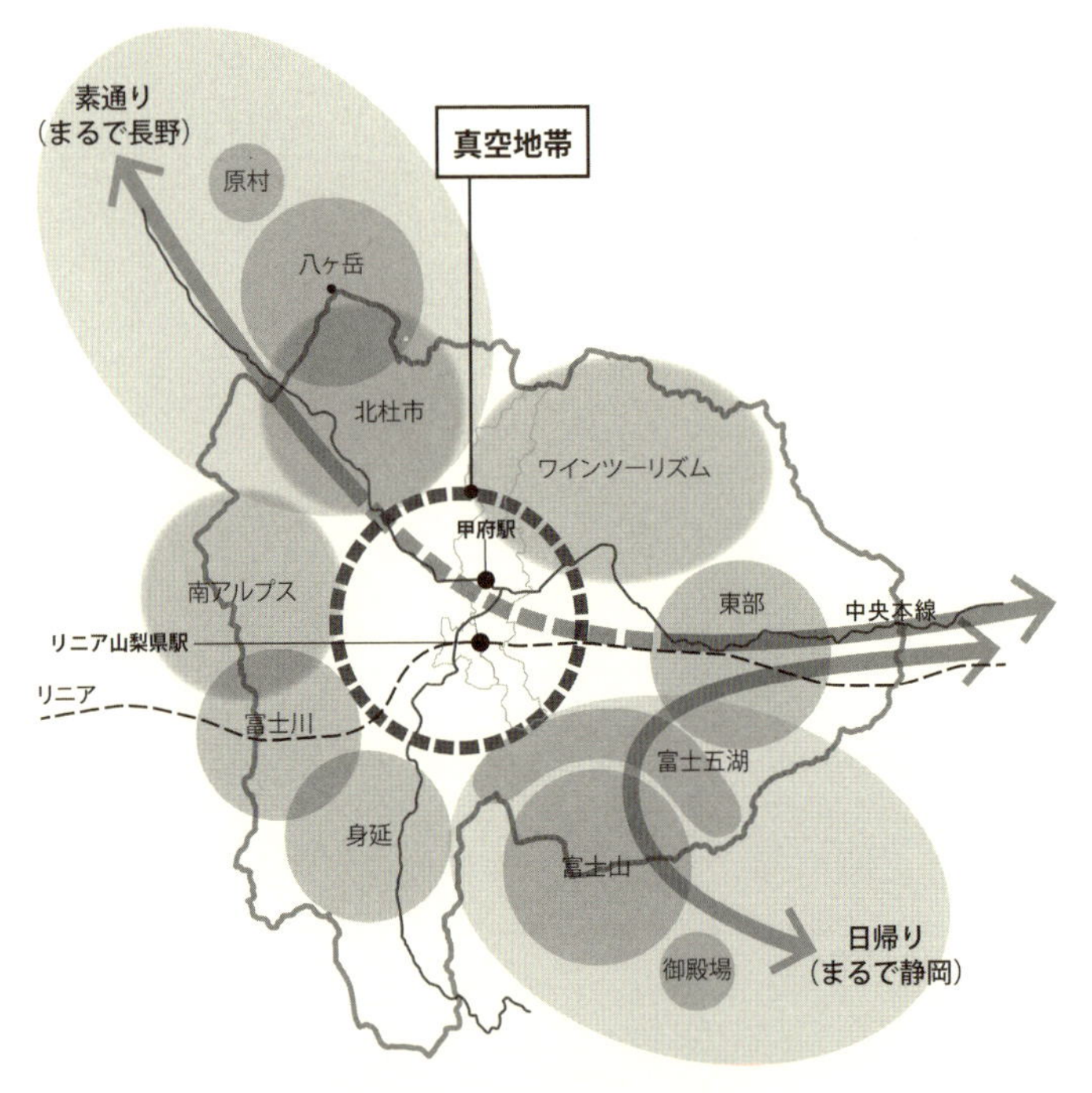

山梨の現状ー真空地帯があるー

山梨セントラルエリアを充実させる

山梨の中央のゾーンを充実させる必要があるという話をしたいと思います。

甲府盆地では今、「山梨環状道路」が整備されつつあります。一部完成しているところもありますが北側はこれからです。私はこの環状道路の沿線とその内側をひとつのエリアと捉え、この充実を図ることを提案したいと思います。

次ページの図で、私は勝手に直径約二〇キロメートルの円を描きました。そしてこれを仮に山梨セントラルエリアと名付けました。

甲府市街地、リニアの新駅が含まれます。また南アルプスや峡東のワインツーリズム地域をも含んでいます。登美の丘や昭和町の良好な郊外住宅地もあります。甲府盆地全体にいくつかのネタ＝「核」が散らばっているという状態です。

このセントラルエリアをどう充実させるか？　それには個々のネタ＝「核」をそれぞれ

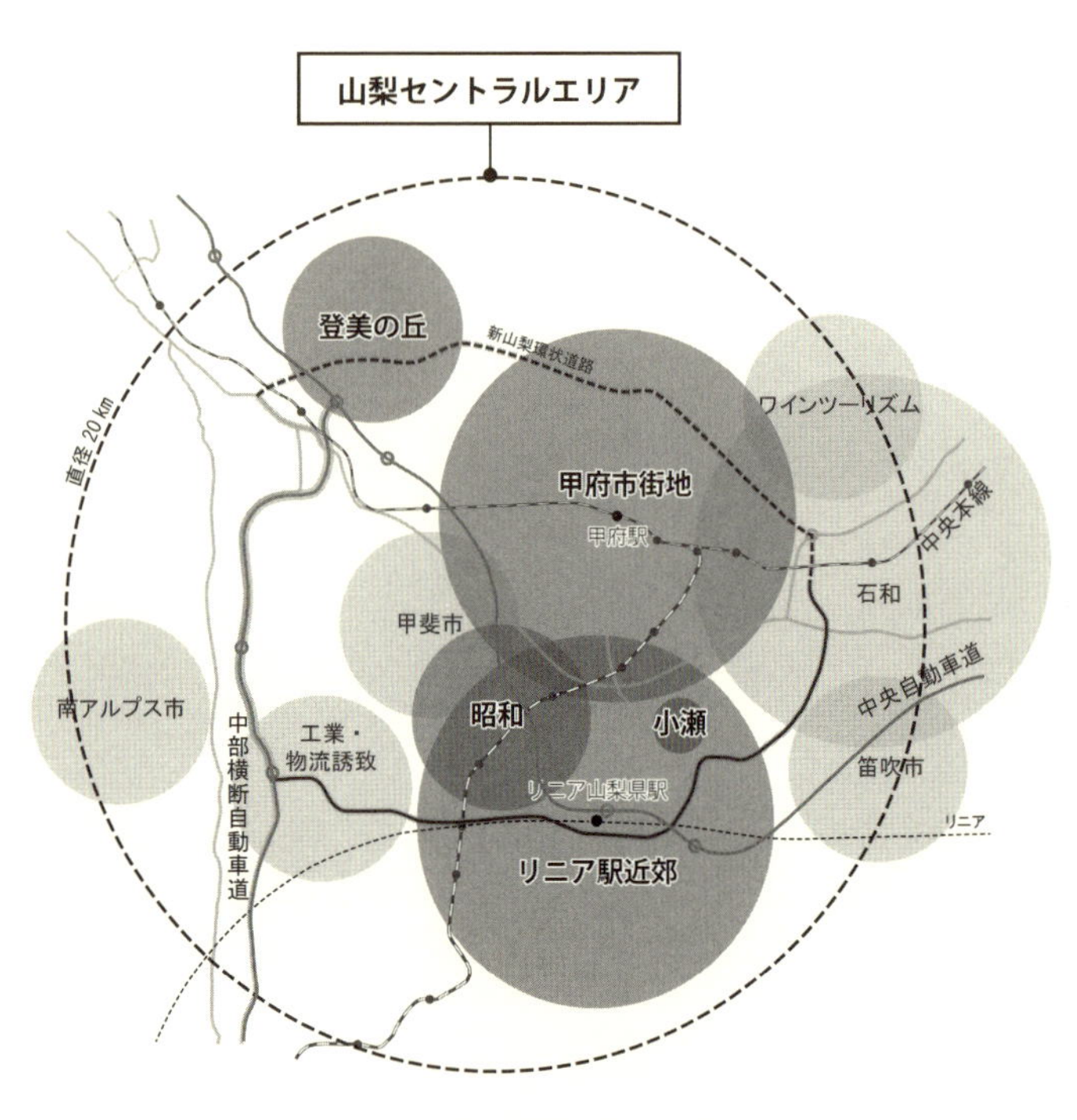

山梨セントラルエリア（大クラスターシティ）

レベルアップする、魅力をアップして、そしてそれらをつないでいくべきだと思うのです。中原にひとつのまとまった都市、大クラスターシティを築き上げるのです。

①番目の「核」は当然甲府市街地です。

県都甲府を甦えらせる必要があります。

ＪＲ甲府駅を中心とした四キロメートルの範囲を重点的に、都市観光とコンパクトシティの二つのテーマに沿って磨き上げます。甲府城をはじめ市街地のあたりには歴史・文化のよい資産が揃っています。これらをさらにレベルアップして見ごたえのある観光文化都市を実現すべきです。美術館・ホールなども甲府に集中させるべきです。

甲府駅から武田神社まで歩いて楽しい散歩道をつくるべきだと考えます。

また同時に車を使わずに生活できるコンパクトシティを実現したらよいと思います。病院も買い物も歩きで済ますことができるまちです。そして全体として歩いて楽しいまちを実現すべきです。一階は商業・クリニックなどがある集合住宅をつくっていきます。目抜き通りである平和通りの西側はそういう新しいまちをつくるのに適していると考えます。

分譲住宅だけでなく良好な賃貸住宅を供給します。雪かきもしなくてよいし、鍵一本で管理できるので郊外の戸建てに住む年配の方たちが住み替えたくなります。旧宅はリノベーションして、若夫婦に供給していけばよいのです。

②番目の「核」はリニア駅近郊です。

新駅は新しい山梨の玄関口となります。まず、観光・ビジネスでの来訪者に親切なおもてなしの空間が必要です。インフォメーションは入りやすく、多様なサービスを提供すべきでしょう。山梨らしさを醸し出し、ファーストインプレッションを好感度の高いものとする演出も必要です。木でできた都市をお勧めします。伊勢のようなお手本もあります（口絵参照）。立地条件から考えると甲府市街地とは役割を分担して、ここは山梨の産業・学術をリードしていくまちとすべきではないでしょうか。

新駅を中心とした四キロメートルの範囲を重点的に、インキュベーション（起業を支援する仕組み）とコンベンション（イベントや国際会議など）のまちを作り上げます。このあたりには現在工業団地も多いし、アイメッセ山梨（山梨県立産業展示交流館）、山梨大学医学部もあります。

こうした立地条件を生かし「インキュベーションとコンベンション」の核を磨き上げていったらいいのではないかと思います。駅前に国際会議場やリゾートコンファランスホテル（研修会議に特化したコンベンション宿泊施設）などを誘致した方がよいと思います。インキュベーションでは、健康長寿をテーマとして産・学・官が協働できる仕組みを構築したらいかがかと考えます。健康長寿の産業を誘致して、働く場を増やしていく必要もあります。環境技術の実証実験都市をつくり上げたらよいのではないかと考えます。

リニア新駅の前に一番あってほしいものは素敵なリゾートコンファランスホテルです。水と緑をテーマとする滞在して楽しい場をつくり出すべきだと考えます。アイメッセと連動してここでコンベンションを行なうことにより来訪者を増やすことが山梨の将来の発展の鍵となることでしょう。また、このホテルはリゾートの拠点としても機能することでしょう。何よりもこれに泊まるという目的のためだけに来たくなるような魅力的なホテルを誘致する必要があります。

③番目の「核」として考えられるのは山梨生活の楽しめる住宅地です。

昭和や登美の丘の住宅地は今よりさらにブラッシュアップして魅力を増し、環境に優しい山梨らしい生活を世界に発信できるような住宅地にしていくとよいと思います。山梨らしい生活のできる住宅地は、他にももっとあちこちに作っていくべきでしょう。県北西部から流れ込む釜無川左岸に丘がありますが、ああいうところを利用したらどうかなと思います。山梨でないと住めないような魅力的な住宅を実現するのです。晴耕雨読生活ができる、森の中に住める等です。東京や大阪ではかなり高級な住宅地でも塀や生垣に囲まれています。山梨なら塀のない広い敷地の住宅が実現可能です。因みにアメリカにはいくらでもお手本があります。例えばシカゴにあるオークパークみたいな住宅地の日本版を作るといいと思っています（口絵参照）。

④番目の「核」は小瀬を中心とするスポーツコンプレックスです。

小瀬スポーツ公園にJ2ヴァンフォーレ甲府の本拠地サッカースタジアムができるのは非常に大きなインパクトがあります。できるだけ多目的に使えるようなものにすべきで

リニア新駅の前には山梨らしい風景が広がっていなくてはならない。
そして傍らには入りやすい親切なインフォメーション。

インキュベーションとコンベンションのまちをつくる。スムーズなコミュニケーションと交流を導き出す建築内部空間と居心地のよい外部空間が必要である。

しょう。何もやっていなくても行きたくなるようなスタジアムにならないかなあと思います。

広島球場（MAZDA Zoom－Zoomスタジアム広島）は新しくなってから若い女性のファンが爆発的に増えたそうです。それは新球場が散歩していても楽しいくらい魅力ある空間になったからだといわれています。

小瀬のスポーツコンプレックスは、山梨学院大学、山梨大学医学部やテルモなどと連携し、健康増進ビジネスでも協働したらよいと思います。そして、インキュベーションを奨励します。温泉や山登りも包括して、健康増進というテーマでオール山梨を牽引すべきです。

ちょっと脱線しますが、私が昔住んでいたドイツのハンブルクにはHSVというプロサッカーチームがあります。これは正式名称をハンブルガー・シュポルト・フェラインといいまして、フェラインという組織なんです。プロサッカーを頂点として、バドミントン、バスケットボール、テニス等、あらゆるスポーツをプロもアマもすべて取りしきっていま

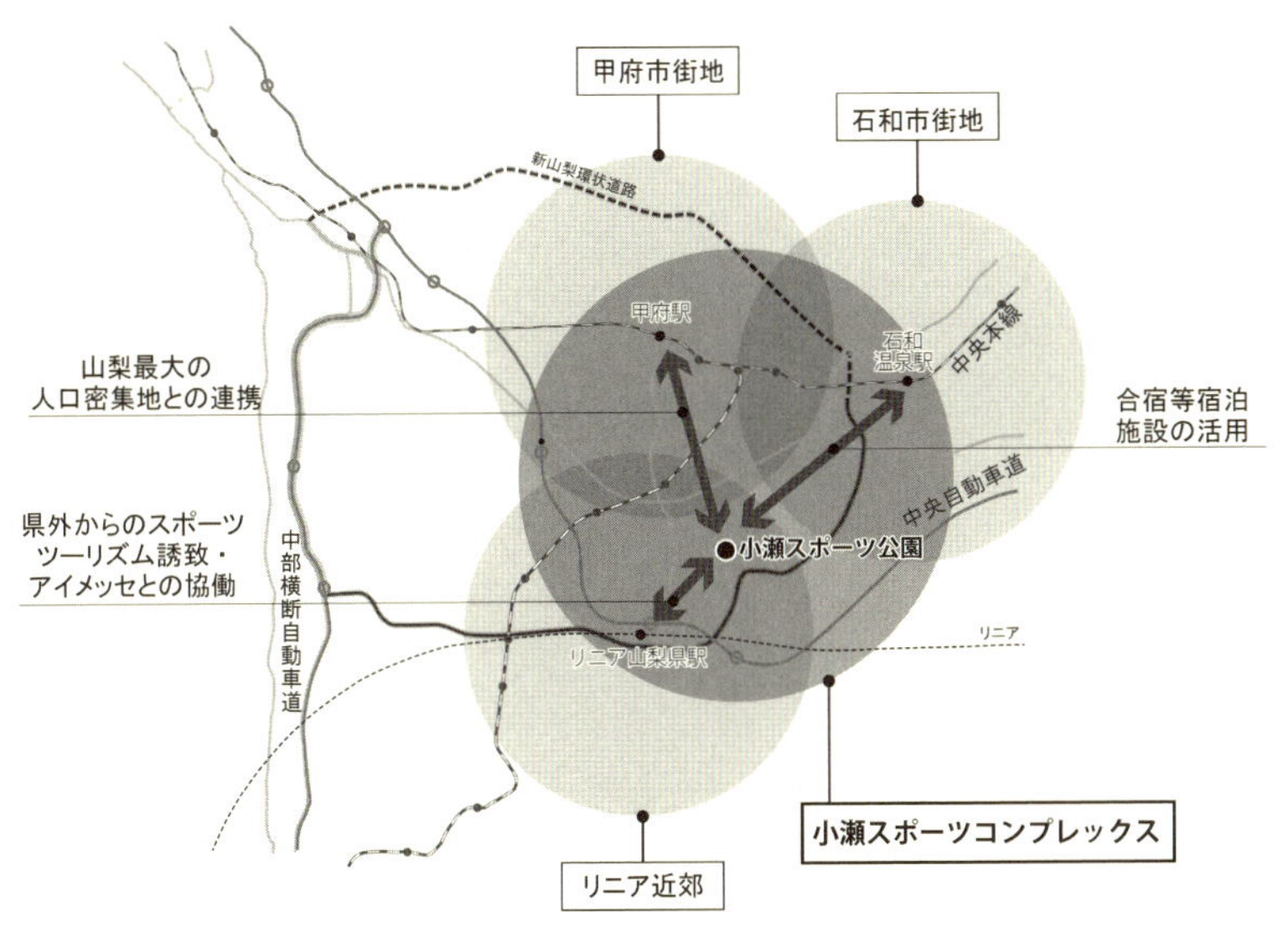

スポーツコンプレックスのイメージ

す。

フェラインというのは都市計画ではちょっと注目されている組織の概念です。日本の消防団が少し似ているかもしれません。主な資金は、スポンサー企業からだけではなく、市民の寄付や自治体からの助成金がかなり大きく入っていて、行政にかわって地域のスポーツ市民活動を包括的に行ないます。ボランティアなども広範に巻き込んでいきます。山梨にはヴァンフォーレがあるのだから、それを核にしてバスケットボール女子Wリーグの山梨クィーンビーズもみんなヴァンフォーレになって、この小瀬のスポーツコンプレックスの中核運営組織に入っていったらどうかと思います。日本では学校スポーツが強いのでそれらとの調整が必要ですが、山梨学院なども巻き込んで、フェラインをうまく組織化できないでしょうか、なんて思うのです。

以上四つの「核」、甲府市街地の都市観光コンパクトシティ、リニア駅周辺のインキュベーション・コンベンション、昭和や登美の丘等の山梨生活の楽しめる住宅地、小瀬のスポーツコンプレックス、これらの「核」をひとつずつ磨き上げることがまず大事です。そしてこれらの「核」を結合し、大きなクラスターシティ（ぶどうの房のように機能が緩やかにつながった都市）を作ったらどうかと考えます。

このクラスターシティーこそ分散的に住む山梨らしい「都市」となるのではないでしょうか。

甲府盆地全体がびっしりつながっている必要はないのです。直径二〇キロメートル圏内の魅力的な核同士を道路網でつなぎます。間を路線バス、コミュニティバス、公共交通でつないでいくというのが望ましい形だと思います。山梨環状道路は重要な役目を果たすでしょう。ＪＲ中央線の甲府駅とリニア新駅をきちんとつなぐ必要もあります。市内を流れる荒川右岸のシャトルバスだけでは少し弱い感じがします。ＪＲ身延線を利用するなど、いくつかのマルチな選択肢を用意する必要があるでしょう。

オール山梨のネットワーク

このセントラルエリアを充実させることができればしめたものです。これに山梨の他の部分をつなげれば、オール山梨のネットワークができあがります。中部横断道、第二小仏トンネルができれば、県外ともスムーズにつながる一大ネットワークが実現します。できれば富士山、富士五湖とリニア新駅ももっとスムーズにつなぐ手段を考えたいところです。第二御坂トンネルもいいですが、直結高速道路なんてどうかな、と思います。

セントラルエリアの充実によってつながり、山梨全体がネットワーク化すると、どういうよいことがあるのか？　それには実に大きな意義があるのです。

まず、先程申し上げましたように、観光における山梨全体の各地域がお互いに補完関係となるということが可能になるからです。今までのように個々バラバラに機能するのではなく、お互いに譲り合い協力し合う関係になれるということです。

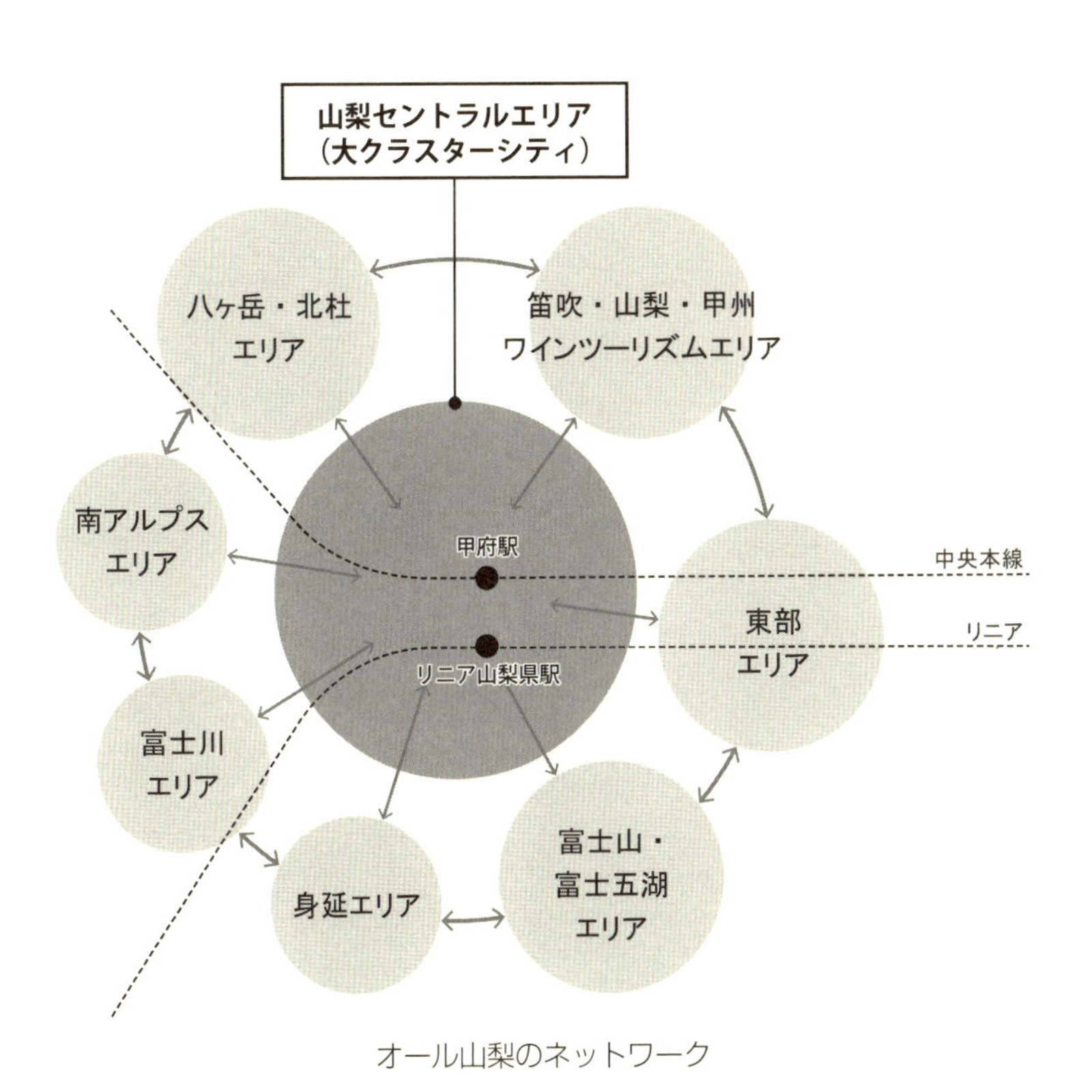

オール山梨のネットワーク

観光産業の充実と定住

観光は山梨にとってどころか日本にとって、非常に重要な産業です。二〇一七年は外国人観光客が二八〇〇万人（二〇一八年は三〇〇〇万人超）来たとか言ってみんなビックリしていますが、フランスでは人口六五〇〇万人に対し八二〇〇万人、イタリアでは人口六〇〇〇万人に対し五二〇〇万人来ます。これからは輸出で物を売るなんて時代じゃありません。日本の文化を、自然を、日本人の食生活や生き方を外国人に、そして同じ日本人に見せて、お金を稼ぐ時代です。

このたくさん来る観光客をいかにして取り込んで山梨の持続性のある未来を築いていくかが重要です。それにはさっき申し上げたように富士山や八ケ岳に来た人になんとか日帰り、素通りではなくて、せめて一泊二日して他の観光地も見てもらう、いわゆる周遊型に切り替えていってもらうことが大切です。複数の観光地をまず組み合わせることが大事です。そのうえで落ち着いて山梨を見てもらうようにします。するとそのうちハイキングや山登り、温泉、農村観光など、もっとニッチないいところも、分かってきます。

そうすると段々、二日三日ともう少し滞在型になっていきます。そうなるとしめたもので山梨なら定年後の生活をしたり、子どもを育てるにはいい環境だということや、そここの就職先もあることが分かってきます。今はそれでもまだちょっと足りませんが、後に移住し定住できるようにする、そういう仕組みを作ることが必要なのです。

もうちょっと詳しくプロセスを説明しましょう。まず第一段階は、日帰り型から周遊型に変えてもらうように努力することです。富士山に来た人に、せめてセントラルエリアで一泊してもらって、甲府のシティツアーくらいやってもらう。北杜まで来た人に峡東のワインを楽しむ一晩を提供する。まず一泊二日、二泊三日で楽しめるように充実させることが大切です。

そうしていると第二段階では、もうちょっと周りの、有名な観光地以外のものも見えてきます。私はぜひ「農村観光」というのを仕込んで欲しいのです。これはイタリアではアグリトゥーリスモ、フランスではグリーンツーリズムといいます。いわば農村に滞在して、健康的な食事、良質な肉、野菜、ワインなどを楽しむ観光です。山歩きしたり、川遊びをしたり、ぼーっとしたりして過ごす。こういうのをEUの人は一週間とか一ケ月やる。中国人や韓国人、日本人にだっていずれそういう人は増えると思います。観光の形が変わるのです。

そして第三段階では、この滞在している人たちが、やがて山梨の面白い生活に気付くようになります。滞在しているうちに山登りしながら仕事もやれることも分かってきます。リタイアした人たちも趣味や野良仕事をやりながら、ゆっくりした生活ができることが分かってきます。移住したり、またそこまでしなくても例えば一年のうち、三分の一くらいは山梨にいる生活をしたいと思うようになるとしめたものですが。

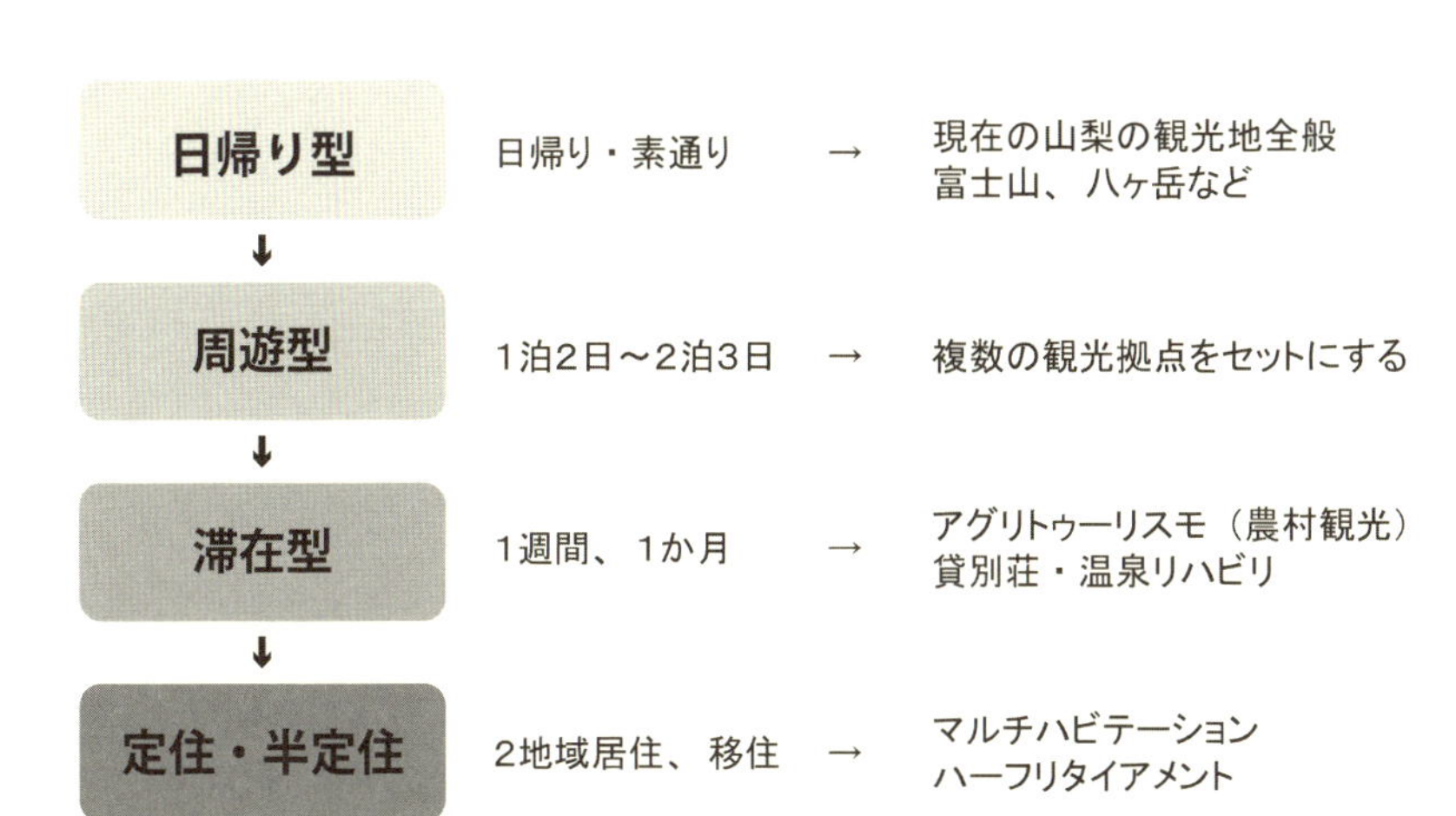
日帰り型
日帰り・素通り
→
現在の山梨の観光地全般
富士山、八ヶ岳など
周遊型
1泊2日～2泊3日
→
複数の観光拠点をセットにする
滞在型
1週間、1か月
→
アグリトゥーリスモ（農村観光）
貸別荘・温泉リハビリ
定住・半定住
2地域居住、移住
→
マルチハビテーション
ハーフリタイアメント

観光から定住へ

オール山梨の経営戦略

繰り返しになりますが、オール山梨でやらなきゃいけないことは、山梨をひとつのもの、ひとつの都市や会社と考えて、それを経営するというイメージをもつことなのです。人を集める装置を充実させる。次にその集まった人が気持ちよく散財できるような装置をたくさん作ります。それらをつないでネットワークにし、収益を上げます。儲けが出てきたら誰かが独占しないで、必ず一部を再配分、再投資に回して、山梨全体の魅力をアップすることに使っていくべきです。そして最終的には定住を促進していくのです。オール山梨でひとつの完結した装置だと考えて持続的に運営することを考えるべきなのです。

たとえば、イタリア・フィレンツェの市長は何を考えているか？　市の職員は「ヴィーナスの誕生」のあるウフィッツィ美術館の前で入館者をチェックします。まあ、でもせいぜい男何人女何人なんてことを調べるだけですが。一方で、市の職員はブランドショップの並ぶブランドストリートも調査します。ここではもっと詳しく調べます。アメリカ人は親子で来て、町中のプチホテルに一週間泊まり、毎日少しずつ買い物をする。日本人観光客は団体で来て、郊外のバスタブ付きの大型ホテルに泊まり、一泊二日、ブランドショップでドカッと買い物をする。こういった具合に実に細かく詳細を調べる。その結果から町中にプチホテルを増やします。郊外に足りない大型ホテルを誘致していきます。たとえばの話ですが、ブルガリの隣にスウォッチの店があってなんだか感じが悪かったと聞けば、店の配列まで市が変えます。ウフィッツィは人を集める装置ですが、ブランドストリートは集金する装置です。こっちの方が市にとっては死活問題です。ここで儲けて税収を増やす。それをウフィッツィの修復や市民の福祉に回します。

イタリア首相だったレンツィ氏は三四歳から三九歳までフィレンツェ市長をやりました。彼はかなり荒っぽい行政改革をやって人気を博しましたが、なんといっても注目されたのは観光客を八〇〇万人も増やしたことでした。無線LANスポットを五〇〇ケ所作ったり、広場や公共施設を企業のイベントや結婚式に有料で貸し出したりしました。面白い人です。三九歳で首相にまでなりました*。

オランダのアムステルダムはダイヤモンドのまちであることが知られています。ゴッホ美術館のすぐ近くにダイヤモンドミュージアムというのがあります。私は日本からツアーで訪れたことがあります。団体旅行だったのでみんなについていきました。一八一カラットの原石、イギリス国王やザクセン国王の王冠のレプリカ、研磨技術の展示、おびただしい数の目を見張るような高価な装飾品が展示されていました。すごいもんだなあ、などと言いながら、出口のところまで来ますと、突如、うら若き日本人女性が現れて「お疲れになったでしょう、コーヒーでもお飲みになります？」と聞くのです。「飲みます、飲みます」と喜んでついていきますと、二、三人毎に個室に案内してくれます。コーヒーをいただきながら、「留学生？」なんて聞いたりして「そうなんだ、何年いるんですか？」等々。向こうも慣れてきて「ご家族は何人？」なんて聞いてきます。「奥さま、お嬢さまは今回はお留守番ですか？」

……ところでと、やおら平べったい大きな黒い箱を取り出しました。パカッと開くと、

アムステルダムは大都市であるが観光客に優しいまちである。とにかく散歩が楽しい。水と緑とホスピタリティあふれるサービスで人を飽きさせない。

そこにはなんと、目もくらむようなダイヤモンドコレクション。その女性、花のように笑って曰く「奥さま、お嬢さまのお土産にいかがですか？　お手頃なアウトレットもご用意がございますが」

このダイヤモンドミュージアム、何のことはない、元を正せばコスター・ダイヤモンド社の作ったものでした。こちらの懐に見合った品物を奨められるまま買って部屋を出ますと、別の部屋からも同じツアーのお客さんが笑いながら出てきました。ふと見ると手には私と同じ紙袋です。

山梨の宝石屋さんたちも個別にフェアなどを行なっているのは私も知っています。中には観光バスが立ち寄る会社さんもありますよね。私が申し上げたいのは、もっとそれを大っぴらにオシャレにスマートにやるべきだということです。みんなでやる。もっと正々堂々、観光コースに組み込む。たとえば、山梨県防災新館にせっかくジュエリーミュージアムができたのですから、近くにぜひ、ジュエリーストリートを作るべきではないでしょうか？　東京の有名店に出している物をアウトレットで三割引なんてことになれば、あちこちからお客さんは来るのではないでしょうか？　外国人たちもきっとやって来るようになるのではないでしょうか？

富士山に来た人についでに寄ってもらえるような甲府のまちを作ることが、まず第一です。美味しい食事――地元の素晴らしい肉や野菜などの食材を用いた料理、美味しいワイン・地酒――を楽しんでもらう。自慢の果物を提供する。ジュエリーを買ってもらう。楽しみながらそういう消費活動ができる装置をオール山梨の協力を得て作り上げるべきなのです。

ついでに言えばフィレンツェの周りはトスカナ州という豊かな農業地帯です。多くの人はウフィッツィ美術館は一、二度見れば充分だと思います。かたや美味しい生ハム、有機栽培の野菜とトスカナの太陽は毎年行きたくなる世界なのです。先程申し上げた「農村観光」です。ヨーロッパ人はほとんど毎年同じところにバカンスに行きます。昔は地中海沿岸へ、また、チロルの山の中だとかに行ったのですが、昨今はスローフード運動などの流行もあって農村滞在が盛んになってきています。

富士山だって、今はブームですが、やがて落ち着いていくでしょう。イベリコ豚、地鶏、フルーツを美味しい空気、美しい環境で楽しめることの方が重要な時代が必ずやって来ると私は思います。こちらの方がリピートしてくれる世界なのです。山梨全体をひとつのものと見なして、その経営を考えるべきであります。観光客に気持ちよく散財していただくのはいかがでしょう。

＊フィレンツェの話は、著者がイタリア在住の知人より聞いた話にもとづいています。

住むということ

ついでに「住む」ということについて少しお話してみたいと思います。

住むということが日本中で変化しつつあります。日本人は「ついのすみか」という言葉が好きですよね。かつてはみんななんとなく、生まれてから死ぬまで一軒の家に住み続けると思い込んできました。そういう思いのもとに、戸建ての家を建てることが第二次大戦後の日本人の夢でもありました。戸建てを買えない都市部ではマンションをみんな買いました。マンションも「ついのすみか」という意識でみなさん買っていたと思います。

結果として日本中、空き家だらけになりました。戸建てだけではありません。大都市では古いマンションもボロボロになって空き家が目立つようになってきています。その原因は人口が減少したからということだけではありません。人の住まいに対する考え方が変化したことが大きいのです。早い話、空き家になる住宅は、ニーズに合っていないことが多いのです。

まず、ひとところにずっと住み続けたいと思う人は、どんどん少なくなりつつあります。山梨ではまだそういう方々の方がマジョリティだとは思いますが、全国ではもうはっきり変わりつつあります。「ついのすみか」はもう古いのです。

まず、先程申し上げたようにライフサイクルで住み分ける人たちが多くなってきています。三〇歳で結婚、五五歳で子供たちが独立していくと考えると、郊外の庭にある一軒家で伸び伸びと暮らしてみたいのはせいぜい子供の小さいうちです。人生八〇年、成人してから残り六〇年の人生と考えると、郊外に住みたいのはそのうちの半分くらい、あとの半分は便利なところの方がよくないでしょうか。

こうして考えると戸建住宅地、コンパクトシティ、森の中の住宅など多様な住まいが提供される必要があることに気付きます。そしてそれらはそれぞれに魅力的でなくてはなりません。中途半端はダメなのです。

ライフサイクルから様々なタイプの住宅を住み替えていくことは「循環」というべきでしょう。住み替え循環といい、今、国交省でそういう施策を推し進めています。私の会社でコンサルをして、横浜でその第一号の補助金をいただきました。戸建てから駅前の分譲・賃貸マンションに老夫婦を移し、さらに高齢化してきたら老健施設に入れるように用意する。さらに空いた戸建てはリノベーションをかけて若い子育て世代に再販していくというようなやり方です。鉄道会社がグループを挙げて取り組んでいます。

別な見方としては、マルチハビテーションというのがあります。異なったタイプの住宅を複数所有したり利用したりすることをそう呼びます。別荘なんてのはひとつの典型かもしれません。ヨーロッパの人たちは、ふつうのサラリーマンでも、かなり以前からそういうスタイルをとってきました。たとえば、私の知っているドイツ人夫婦は住み慣れた大都市と自分の生まれ育った小都市にそれぞれ小さな普通のアパートを持っていました。二～三ケ月サイクルで夫婦で出かけていって滞在し、また帰ってくるのです。あるベネチアの商人は、夏の家と冬の家を持っていて、半年毎にローテーションで使用していました。日本は少子化で相続の結果一人で何軒も家を持つケースが激増しています。マルチハビテーションは今後進んでいくでしょう。

観光が、日帰り型から周遊型、滞在型に変り、それがやがて定住にもつながっていくという予想は、こういう住み方の変化と大きな関係があります。もはや観光ではなくマルチに住むことが、これからの日本人が目指す、究極の姿なのだということを申し上げたいのです。日本人だけではありません、国際的にもそうなっていくだろうということであります。

みなさん、住宅は自分のものだと思っていませんか？　個人的なものだと。日本以外の国ではそれは常識じゃないんです。国際常識は住宅はみんなのものという考え方です。住宅は五〇年もちます。うまく造れば一〇〇年以上もちます。これを一人の人が一生使い続けるイメージはないんです。私たちはちょっとの間、使わせてもらえばいい、前の人から後の人に引き継いで、せいぜい一〇年か二〇年使えればいいと考えること、こちらの方が合理的ではないでしょうか？

山梨を持続的に繁栄させていくには個人個人の思惑を捨てて、家も富士山も何もかもみんなのものだと考えることが重要なのです。時間のかかることではあるでしょうけど。

リニア

リニアが通ると山梨から若い者がどんどんストローみたいに吸い出されて、いなくなると山梨の方が言っていました。それはそうだと私も思います。しかし、東京、名古屋から入ってくる人もいるのです。品川から二〇分というのは羽田から一時間以内ということで、それは世界ともつながっているということになります。

フランスのニース・コートダジュール空港ができて、世界のニース、カンヌになりました。今やコートダジュール空港はフランスで三番目に多くの乗客を取り扱います。

山梨が充実すれば、世界中から観光客がやって来ます。資産家は住宅を買ってくれるかもしれません。

新幹線の駅が開通して、それが活性化に役立ったまちは日本全国探してもほとんどありません。東京からだと長野も泊まりがけの出張をするまちではなくなり、出入りでいくとマイナスの方が多いようですね。かろうじて現在、金沢や富山あたりが頑張っています。

金沢は新幹線が通るはるか以前から準備して、まちの将来の発展形を考えてきました。石川県知事、金沢市長を中心に地元財界のリーダー、学界に金沢工業大学の水野一郎さんという中心人物がいて、一九八〇年代からずっとブレないで金沢の整備を考え続けてきたのです。

たとえば、旧市街地から五〇メートル道路を新幹線の駅の新設に合わせてアンダーパスさせました。これにより駅を挟んで分断されていた東の旧市街と西の新市街をつなぎました。西の新市街地はかつて田園でしたが、金沢港まで続く新市街地として生まれ変わりました。以前は全日空と日航くらいしかホテルがなかった金沢に今、オリックスとハイアットが最高級ホテルを計画中です。金沢が州都になった時、西口一帯は副都心になる計画です。金沢は新幹線が通って客が増えていると伝えられています。武家屋敷、東茶屋、西茶屋、町屋等古くからの観光資源を生かしてうまく観光客を増やしているようです。

金沢は長野県の松本と同じで戦災を受けていないからとひがむ人もいますが、それは間違っていると私は思います。金沢の市街地にできた21世紀美術館は現代美術のイベントなどによって、世界中から観光客を集めています。所蔵品等にお金を使わず頭を使って成功したのです。駅の金沢百番街というお土産ショッピングモールも大成功を収めています。金沢の成功は官・民・学の三つのリーダーに人を得たことに尽きると思います。山梨は金沢より自然資源ならもっといいものを持っているのです。やれないわけがありません。

うまくいっているところを見に行くことが大事です。先程私は外国と言いましたが、外国にはなかなか行けないとすれば、金沢、軽井沢、湯布院等はいかがでしょうか。川越、小樽なども見る価値はありそうです。

リニアは羽田と山梨を一時間以内で結びます。日本中どころではなく世界中の人が山梨にやって来ます。コートダジュール空港と同じです。世界のニース、カンヌのように山梨が世界の山梨になるというイメージを持つ必要があります。

軽井沢は浅間山の景色に惚れ込んだイギリス人が切り開きました。山梨には富士山があるのです。同じくらいのことはやれるはずだ、と私は思います。

甲府との関係

甲府生まれ

私は甲府生まれであります。朝日小・山梨大附属小・中学校、甲府一高に通いました。甲府には一八歳までいて、大学で東京へ出ました。郷里を離れて四十年近くになります。実家は緑が丘にありますが空き家です。どうしたものか悩んでおります。

私のお袋は甲府の下一條町、現在の城東で育ちました。町娘です。甲府の町はかつては大変賑わっていた、楽しかったと言っております。戦後、母校の甲府高女（現甲府西高）の数学の教師になりました。親父と結婚して、私と妹が生まれてからも教壇に立ち続け、四〇歳以降は現在の駿台甲府高校に移って、六〇歳過ぎまで教師として働きました。

最近では、母親が働く家庭も珍しくなくなりましたが、私の子供の頃は周りにはまったくいませんでした。カギをヒモにつなぎ、首からかけられた私は「カギっ子」と呼ばれておりました。珍しかったんだろうと思います。

お袋は小学一年生の私にまず家事を教えました。掃除、炊事、買い物です。まだ電気釜なんてない時代です。プロパンガスが普及したばかりの時代でした。お米のとぎ方、水加減、火加減を教わりました。ミソ汁、目玉焼き、野菜炒めくらいは作れるようになりました。

親に依存しなくとも一人である程度もちこたえられる、という精神を叩き込まれたような気がします。自立することが大事だということですよね。

買い物にもよく行かされました。小学二、三年で一人で八百屋、肉屋、魚屋などに行きました。あらかじめ品物の選び方、値切り方などを伝授されていますから、結構生意気な口を利いていました。「このキュウリひんまがってるから、おじさん少しまけなよ」なんてね。可愛くないガキだったでしょう。でも私にとっては大変ためになったと思っています。親に感謝しています。

私の家は甲府市の元三日町というところにありました。現在、美咲というんでしょうか。横沢通りと朝日小の中間、当時の新興住宅地に住んでいました。基本的にお袋や親父は家

1970年代後半の朝日通り（旧朝日町通り）の佇まい。この写真の視点は北を向いていて、左に曲がると山梨病院がある。私の家はそちらの方にあった。バスは当時は対面通行だったようである（現在、車両は南からの一方通行）。

にいませんから、毎日、小学校から帰るとランドセルを放り出して、まちへ出ていきました。近所の子供たちとも遊びましたが一人で歩き回ることも多々ありました。お袋は私にちょっとだけ小遣いを与えて、あとは好きなようにしろとほっといたと思います。横沢通りの駄菓子屋、焼き芋屋、貸し本屋が私が常連の店でしたが、ときおり、朝日通りまで遠征しました。友だちとヒカリ座などの映画館にもぐり込んだり、色々な店をひやかしたりしました。

外国へ行く夢

私の父は勝沼（現甲州市）出身です。戦前、英語教師になりその後出征しシベリア抑留を経て帰国しました。四年間甲府一高で教えた後、山梨県庁に移り、指導主事になりました。父はフルブライトという制度でアメリカへ留学しました。戦後間もない頃ですからたくさんの人がアメリカへ行きたがりました。ものすごい難関でした。県で初めてのフルブライトで留学できたのはたった一人でした。

親父はカメラマニアでしたので写真をたくさん撮ってきました。それをスライドにして、当時はまだ白黒ですが、親戚や友人・仲間を集めて、何度もスライド映写会をやりました。我が家でやった時、私も観客になって、ニューヨークのエンパイヤーステートビルだの、シカゴのビル街だのを見て感心したり、ビックリしたのを記憶しています。私もいつか外国へ行ってみたいと思いました。

外国へ行くチャンスは思ったより早くきました。私は甲府一高を卒業して、東大の建築学科で勉強し、大学院で原広司先生の率いる研究室に入りました。二三歳の時、研究室主催の東欧中近東集落調査に参加することになりました。

おもしろいものをたくさん見ました。まだ東西に分かれていたドイツをはじめポーランド・旧チェコスロバキア・ハンガリー・ルーマニア・旧ユーゴスラビア、そしてトルコを通って、イランの砂漠を回りました。三ケ月間休みなし、来る日も来る日もフォルクスワーゲンのバスで集落を探して、何百キロも走ります。面白そうな集落があると、それ、とみんなで――総勢八名でしたが――飛び出して、写真を撮ったり、測量したりするわけです。正式なビザなんて持っていません。当時、まだ共産国が多かったのに観光ビザで入って、ゲリラみたいに調査をやっていました。今から考えると結構危険なことをやったもんです。

原先生は「建築単体だけを見ていてはダメ、村やまちや都市というものもこれからは理解しなければ」と教えて下さったと感じています。

集落調査によって私は本当に様々なものを見て、様々な体験をすることができました。その中でも私にとって最も印象深かったのは、東ヨーロッパの都市でした。特に一つ挙げろといわれれば、チェコのイエレニャ・グーラという白い都市を挙げます。悪魔的に美しいまちという感じでした。強烈な印象が残っています。調べてみると、これはドイツ人たちが一〇世紀くらいに植民都市として、ドイツ本国の都市をお手本に作ったものだったということが分かりました。

大学院時代、1975 年に訪れたチェコの白い街イエレニャ・グーラ。
悪魔的な印象さえする、凄みのある美しい都市である。みんなで一緒に生きているんだという強い共同意識を感じる。

大学院修士課程を出た後、私は松田平田設計という東京の設計事務所に潜り込みました。甲府の日銀なんかを設計した大手事務所のひとつです。修業をしていましたが、その間もずっと、どこか外国へ行ってみたいなあと思っていました。ドイツや他のヨーロッパの都市もじっくり見てみたいなあと思っていました。

あの集落調査旅行から六年後、二九歳の時、私はドイツへ渡る機会を得ました。そして今度は二年半住むことができました。人口一七〇万人のハンブルクというベルリンに次ぐ第二の都市で、ドイツ人の建築設計事務所に勤めながらヨーロッパ中のまちを暇さえあれば歩き回りました。私は建築設計の専門家なのですが、この時、すっかり建築より都市というものに魅了されてしまったような気がしています。

外国に行くということは、どういう意味を持つのか？

フランチェスコ・アルベローニ氏は『他人をほめる人、けなす人』（草思社）という本の中で次のように書いています。「旅の真の効用は、（中略）新しい事物に接することよりも、すべてのものを異なる目で見るのを学ぶことである」

外国に行くと、特に暮らしてみたりすると日本の特殊性がよく分かります。いいところも悪いところも日本はとても特殊だと思います。いいところはものすごくたくさんあります。でも劣っているところも少しある。少なくとも日本人が常識だと思っていることは、ほとんど世界では非常識であるということが分かってきます。

外国を見てきて、何を見る目が変わったのか?

私の場合は、はっきり都市を見る目だったと思います。ヨーロッパの都市は、とにかく年季が違います。

イタリア人の児童文学者で、エドモンド・デ・アミーチス氏という人がいます。彼は『クオレ—愛の学校(上)』(講談社ほか)という本の中で父から子に次のように語らせています。「町は、おまえにとっては母親だったのだ。おまえをおしえ、おまえをたのしませ、おまえを保護してくれたのだよ。町を、その通りや住んでいる人びとのなかで研究しなさい。——そして、町を愛しなさい。——もしも町のわる口をいわれるのを耳にしたなら、おまえは町を弁護しなさい」

みなさん、お子さんにこんなこと言えます？　甲府でもみなさんが、こういう言葉を言えるように、ぜひなってほしいものだと思います。

独立／都市と建築

私は二年半、ヨーロッパの都市を回ったために都市中毒のようになってしまいました。何より困ったのは建築設計という仕事が嫌いになりそうになったことです。私は建築家になろうと思っていましたから、これは死活問題です。でもヨーロッパにいると現代建築より、昔の古典的な建築の方が好きになっちゃうんですよね。このままではダメになってしまうというギリギリなところ、二年半で日本に帰りました。

古巣の東京の設計事務所でリハビリのようなつもりで、はりきって休日もなく働いていたんですが、なんとなく違和感のようなものを感じました。それは会社の周りの人たち、特に上司や先輩が、私と考えが違うなあという点でした。単純に言えば建築を単体として考える方が多かった。私は都市の中にあって、周りとの調和やバランスといった点を重視しようとして、しばしば衝突しました。そんなモヤモヤを感じていた時、ドイツへ行くことをきっかけに知り合った都市計画家たちからの誘いがありました。

その誘いをうける形で都市と建築の調和を求めて三四歳で勤めていた会社を退職、独立しました。結果、それから三年間は仕事が全くありませんでした。ようやく何とか仕事を得て、三七歳でGL建築設計（現UG都市建築）という会社を立ち上げ今日に至っています。

仕事の合間をみながら私自身海外に時々は行くように努めてきました。そうして訪れた国は三十数ケ国になります。新しい国に行くより、何度も同じようなところへ行って、ブラブラ散歩しています。それでも訪れる度に新しい発見があります。

ヨーロッパの都市と日本の都市の違いは分かりにくいかもしれません。行ってちょっとぐらい見ても、すぐにはなかなか分からないかもしれません。日本人も、向こうの都市の仕組みの勉強を一応しましたから、日本の都市にも一通り同じような機能が揃っていま

私の第２の故郷ともいえるまちハンブルクは湖を抱く北ヨーロッパの美しい大都市であった。市民は自分の家のようにまちを愛していた。写真はその中心、最もエレガントな通りといわれる市民の誇りコロナーデンである。

す。でも深く入ると違うんです。

日本とヨーロッパの一番大きな違いは、都市と家との関係にあると私は思います。ヨーロッパ人にとって自分の家とは都市そのものであり、自分の家なんてものはないも同然。逆に日本人にとっては自分の家はありますが、自分の都市なんてものはないという感じです。従って都市を作り込んでいくのにヨーロッパ人は自分のことのように熱心にコミットして、入っていこうとします。日本人は全く逆で、できるだけ関係するのを避けようとします。自分に被害が及びそうな時だけ、拒否権を発動しますよね。反対運動を起こします。まあ彼我の違いは、縮めて言えばそういうことだと思います。

甲府での仕事

私は四〇歳ぐらいの時から二五年来、甲府のまちに比較的コンスタントに通っております。きっかけは山本栄彦市長時代（一九九一～二〇〇二）、花岡利幸先生のもと中心街の活性化の委員を務めたことでした。結構一生懸命アイディアをみんなで出し合って分厚い報告書を作りましたが、どれも採用されることはなく、時が過ぎていきました。

甲府のある団体に招かれて、海外のスライドを映しつつ、講演を行なったこともありました。寂れゆく町をなんとかしたいと知人が呼んでくれました。私が話をするとみんな喜んでくれて「今日は帰さないぞ」と言ってくれて、明け方まで飲み明かすんですが……翌日以降一本も電話はかかってきませんでした。

私の会社では社長の趣味とか嫌味を言われつつ、ひっそりとその後も甲府通いを続けました。二〇〇五年から二年間は北口のシビックコア地区整備推進連絡協議会、西井和夫先生の下で委員も務めさせていただきました。

二五年くらい通っているのですが、一五年目くらい、今から一〇年前くらいから突然いくつかの仕事を山梨で続けてやることになってきました。横内正明さんが知事になられた（二〇〇七～一五）のがきっかけでした。

まずは、山梨県立図書館（二〇一二年移転新築）でした。私は設計監修という立場で関わりました。まるで外にいるような感じのするガラスの図書館、夕暮れになると中からまちに光があふれてくるというコンセプトとしました。また、イベントばかりやっていて、うるさい図書館、静かにしたい人はサイレントブースに入ってくださいという本末転倒な図書館となっています（口絵参照）。

私の考えは、せっかくJR甲府駅北口駅前という一等地に作るのだから、賑わいを醸成するような図書館を、というものでした。狙いは成功したと思っています。二〇一七年秋の山梨日日新聞に入館者数が全国二位だったと報道が出ていましたね。嬉しい限りです。

次に山梨県防災新館を設計しました。ご存知の山梨県庁新館で県警などが入っています。この建物の特徴は一階をまちに開放したことです。ご承知のようにこの場所はその昔、中込百貨店、その後西武百貨店があったところです。デパートがなくなった後は山梨物産館みたいになっていました。甲府駅から平和通りを下ってきて、岡島百貨店などの繁華街へ左折する、文字通り甲府のホットコーナーです。

この場所に新しい県庁舎を建てるなら、せめて一階は市民に開放された施設をというのは当時の横内知事が示した設計条件でした。それに応えて私は一階のカフェ展示場をすべてガラスのパーテイションスクリーンで覆うことを提案してコンペで当選しました（口絵参照）。あとで、図書館といい防災新館といい山下さんはほんとにガラスが好きだねえ、と横内さんから半分からかわれたのを思い出します。私は都市の一階は、すどおしのガラスでつくるべきだという持論をもっています。夕暮れ時はガラスを通して中の光がまちにあふれだしてストリートを彩っていくべきです。おおむね好評をいただいていると聞いて嬉しく思っています。

防災新館と同時に行なったのは、県庁内の公園化です。かつては本館前は鬱蒼とした森のようになっていて、その下に早川水系の白鳳石（はくおうせき）という貴重な石でできた渓谷がありました。また旧館と議事堂の間等は駐車場になっていました。それらを整理して新たなデザインを提示しました。貴重な石は庭園のパターンとして利用し、本館前は噴水のある多目的広場としました。もっと小さな子供たちがたくさん来てほしいなあと思います（口絵参照)。

これらより少し遅れて手がけたのは、平和通りと甲府駅南口駅前広場の修景です。バスシェルターとか案内所、ベンチ、舗装、照明サイン等、目に見えるところは概ね私に責任があります。最近ニンテンドーSwichのコマーシャルの背景に使われました。同時に山梨交通バスも大きく映ったのでご関係の皆様も喜んで下さっているようです。

現在北口ではかなり活発にイベントなどが行なわれていて喜ばしい限りだと思います。南口もきれいになりました(口絵参照)。駅前広場の中には山交デパート前など新しく広いスペースができました。県庁内にもたくさんの魅力的なスペースができました。防災新館の平和通り側のピロティ広場もあります。ぜひ南口でも活発に何かイベントをやってほしいなと思っております。県の領分ではありますが、甲府市さんも一緒に何か考えてやっていただけないかと思っています。

ざっとわずかなものですが、私は甲府でこんなことをやってきました。こうした一連の仕事の中で常に私が意識してきたのは、歩いて楽しいまちを作るというテーマです。山梨

山梨県防災新館まるごとやまなし館オープンカフェは中から外が見え、外からも中が見える。東京では珍しくもないが、山梨だと最初はちょっと気恥ずかしかったようだ。今はみんな慣れてしまったようだが。

の人は歩きませんよね。ちょっと近所へ出るのにも車です。甲府市の仮庁舎は旧相生小学校にありました。甲府駅から相生小学校までみなさん歩いたことがありますか？　私はしょっちゅう歩いていました。平和通りを南下しても、二ケ所も横断歩道がないんですよ。歩道橋を渡るか、迂回しなくてはいけないんです。いけないことですが私は車道を走って渡っていました。山梨の人は誰も歩いたことがないんだろうなって思いました。まず、歩いて楽しいまち、甲府を作らなければいけないと私は思います。

あとがき

思い起こしてみると標題のテーマについて考えをまとめるきっかけは、二〇一四年夏、当時の山梨県知事・横内正明さんからの一言でした。

「リニア新駅を契機とする山梨発展の構想を考えてくれないか?」

思わぬ重大なご下命にたじろぎ、辞退しようと思いましたが、以前から何となく考えてきたテーマでもありましたし、何とかやれるだけやってみようと考え直し、思いつきをまとめ、知事室で県の関係の方々、甲府・中央両市長、副市長などに冷汗をかきながらお話ししたことを懐かしく思い出します。

その時の内容がベースとなり、その後折りにつけ話したりした(二〇一七年一〇月、やまなしワンハンドレッド倶楽部など)事柄を付け加えて、二〇一八年一月の講演内容となりました。

読み返してみると拙い思いつきばかりで恐縮ですが、このテーマについて結構長いこと考え続けてきたその年月に免じてお許しいただければ幸いです。山梨を愛する者の一人として、残り少ない人生、ちょっと気が早いですが「遺言」のつもりで出版を決断しました。今年はくしくも甲府開府五〇〇年にあたっています。武田信虎が一五一九年に甲府に本拠を移して以降、武田氏は隆盛を迎えました。甲斐国をまとめ上げ、それを引き継いだ武田信玄は全国統一までうかがう勢いとなりました。

これに倣い二一世紀の甲州も強いリーダーシップの元、ひとつに結集し再び輝いていけないものだろうかと夢想しています。時あたかも中部横断道・リニア中央新幹線の開通など甲州躍進の大チャンスを迎えています。日本どころか世界の山梨を狙えるところにいると私は考えています。

スタートは今からでも遅くないと思います。甲府と山梨の奮起に心より期待しております。講演の機会を作ってくださった山梨県人会連合会会長・弦間明さん、甲府市長・樋口雄一さんありがとうございました。また出版することを推めてくださった山梨日日新聞社の今村睦さん、担当して下さった風間圭さんにも御礼申し上げます。秘書の四方陽子さんにはまとめを手伝っていただきました。その他色々な方にご協力いただきました。ありがとうございました。

山下昌彦

二〇一九年一月

写真撮影

株式会社エスエス　岡本ひろ子 …………………… Ⅶ、Ⅷ、8、69

東京大学　原・藤井研究室 …………………… 58

山下翔 …………………… Ⅵ

山梨日日新聞社 …………………… 54

山下昌彦 …………………… 上記を除くすべて

パース作成

STUDIO55 INC. …………………… Ⅰ

イラスト作成

株式会社総合環境デザイン　宮嶋修二 …………………… 25

山下昌彦 …………………… 上記を除くすべて

図表作成

株式会社 UG 都市建築 阿部佑美 …………………… 18、20、27、31、35

■著者略歴

山下　昌彦
（やました・まさひこ）

建築家、都市計画家。
1952年甲府生まれ。東京大学修士課程卒業後、ハンブルク大学博士課程に在籍。松田平田設計、ドイツのフォン・ゲルカン・マルク事務所を経て、1986年に独立。現在、UG都市建築代表取締役。

甲府のまちはどうしたらよいか？

二〇一九年三月三十一日　第一刷発行

著　者　**山下　昌彦**

発行所　山梨日日新聞社
〒４００-８５１５
山梨県甲府市北口二丁目６-10
電話　０５５-２３１-３１０５

印　刷　電算印刷株式会社

ISBN978-4-89710-571-0